Raccolta di
Barzellette per ingegneri

"Questa volta la mia memoria non ha colpe! Ma qualcuno doveva metterle insieme!!!"
NDA

Fonti da cui sono state tratte le Barzellette per Ingegneri:
- http:/digilander.libero.it
- www.woophy.it
- http://gauss.4umer.com/t14-barzellette-sugli-ingegneri
- www.palladius.it
- Giorgio Tomasetti - Link: Physicist discovers a formula of laughter - PRAVDA.Ru.
- http://www.curiosone.tv/formula-matematica-felicita-46363/

Formula Matematica della Risata

Per far ridere c'è una formula matematica (!).
E' facile: HE = PI x C/T BM
Storia curiosa e pazzesca non trovate?
HE = PI x C/T BM
PI - personal involvement
C - complexity of a joke. The higher degree of complexity the better provided that your audience can solve the problem within 1 or 2 seconds.
T - time spent by a person solving a joke. The longer the time, the weaker the effect.
BM - background mood. A joker can have an advantage if an audience enjoys the show. However, a real good joke can "blow up" the most dismal audience.
HE - humor effectiveness.

Formula Matematica della Felicità

P + (5xE) + (3xH).

P sta per caratteristiche personali, compresa la prospettiva di vita, la capacità di adattamento e di resilienza.

H rappresenta invece i bisogni principali, e copre l'autostima, le aspettative, le ambizioni e il sense of humour.

E invece sta per esistenza: comprende salute, situazione finanziaria e amicizie.

Gli psicologi sono giunti a questa formula dopo aver intervistato e studiato **più di 1000 persone, ognuna con un proprio grado di felicità.**

Di conseguenza, per trovare l'**Infelicità**, basta moltiplicare tutto per -1.

Dedicato a Ing. Fabio Scarioni

1. Esperienza n. 1

   Due studenti in Ingegneria camminano verso la loro residenza, quando uno dice all'altro, con fare ammirato: "Dove hai trovato questa bicicletta?" Il secondo risponde:
   - Beh, dunque, ieri stavo camminando ed ero assorto nei miei pensieri, ad un certo punto incrocio una stragnocca in bicicletta che si ferma davanti a me, posa la bicicletta in terra, si spoglia completamente nuda e mi dice: "Prendi ciò che vuoi!"
   Il primo annuisce e gli dice: "Hai ragione, i vestiti sarebbero stati certamente troppo stretti!!!"

2. Esperienza n. 2

   Per una persona ottimista, il bicchiere e' mezzo pieno. Per una persona pessimista, il bicchiere e' mezzo vuoto. Per l'ingegnere il bicchiere e' due volte più grande del necessario.

3. Esperienza n. 3

   Un prete, un medico e un ingegnere giocano a golf. Devono fare la coda appresso a un gruppo di giocatori particolarmente lenti. All'improvviso, l'ingegnere esplode e dice: -

Ma che diavolo fanno? E' un quarto d'ora che aspettiamo! Il dottore interviene, anch'egli esasperato: - Non lo so, ma non avevo mai visto persone tanto in difficoltà! Al che il prete dice: - Aspettate, ecco qualcuno del golf. Non dobbiamo fare altro che chiedere a lui... Scusatemi! Dite, per favore, c'e' qualche problema con il gruppo là davanti? Sono piuttosto lenti, no? L'altro risponde: - Ah si, e' un gruppo di pompieri ciechi. Hanno tutti perso la vista cercando di salvare il golf dalle fiamme l'anno scorso, e da allora li si lascia giocare gratis. Il gruppo resta in silenzio un momento, poi il prete dice: - E' molto triste. Questa sera pregherò per loro ... Il medico aggiunge: - Ottima idea. Quanto a me, contatterò un collega oftalmologo per verificare che cosa può fare... E l'ingegnere: - Ma perché non giocano di notte???

4. Esperienza n. 4

Tre studenti in Ingegneria discutono del o degli eventuali creatori del corpo umano. Il primo dice: - Per me, era un ingegnere meccanico: guarda tutte queste articolazioni! Il secondo risponde: - Ma no! Era un ingegnere elettronico! Guarda, il sistema nervoso ha migliaia e migliaia di connessioni elettriche. Il terzo ribatte: - No, in realtà era un ingegnere civile: chi altri avrebbe potuto pensare di fare passare un canale per rifiuti tossici in mezzo a un parco divertimenti?

5. Esperienza n. 5
   Un giovane sta camminando vicino ad una palude, quando ad un tratto una rana gli salta sulla spalla e gli dice: "Ascolta, sono una bellissima principessa, dammi un bacio, tornerò quella che ero e ti amerò per sempre!" Il tipo la prende, e se la mette in tasca. Questa riprende: "Sono una bellissima principessa, se mi baci riprenderò la forma che avevo e sarò per sempre tua!!!" Non capita nulla. Allora la rana inizia a strepitare: "Mi hai capito? Sono una principessa bellissima: baciami e avrai per sempre una donna stupenda al tuo fianco!!!" xAl che, il tipo risponde: "Ascolta: sono un ingegnere, non ho tempo per le donne, ma una rana che parla e' una figata!!!"

6. 'Telecom Italia, informazione gratuita... il numero da lei selezionato è immaginario, si prega di riagganciare, ruotare di 90° l'apparecchio e riprovare'

7. Teorema. Un gatto ha nove code.
   Dimostrazione. Nessun gatto ha otto code. Un gatto ha una coda in più di nessun gatto. Quindi un gatto ha nove code.

8. Perche' le donne sono brave in matematica? Perche' in un'equazione prendono un membro, lo mettono tra parentesi, lo elevano alla massima potenza e infine lo riducono ai minimi termini!

9. Cos'è un bimbo complessato? Un bimbo di madre reale e padre immaginario!

10. Secondo una recente statistica, l'80% degl'Italiani NON sa la matematica... pensate, quasi la metà!

11. Cosa ci fa un matematico da solo al ristorante che discute animatamente con la sua insalata?!? (detta le condizioni al contorno)

12. Gesù davanti a una folla di credenti si leva in alto e comincia a recitare: '$y=ax^2+bx+c$...' Uno della folla esclama: 'Ecco, ci risiamo, la solita parabola...

13. 'Siamo a una festa di fine anno dei logaritmi; tutti ballano e si divertono in discoteca, pure sen(x) e cos(x) (la tangente no perché è un po' montata...) hanno accantonato per una volta le inimicizie e ballano allegramente sui cubi, quand'ecco che si nota, in un cantuccio, un povero e^x che piange solo soletto. Ecco che ln(x), il capo dei logaritmi ($\log_{10}(x)$ è stato cacciato perché s'incasinava con le

derivate), va da lui e gli dice: 'Su, vieni a ballare, unisciti a noi...' e lui: 'No, no...'; 'Ma su, dai, integrati!' e l'altro: 'Tanto cosa cambia?'
NEW!
Ne ho trovato un'interessante variante (da raccontare al posto dell'altra, ovviamente):
Un ragazzo sale su un autobus e comincia a spaventare tutti: "Ti integrerò! Ti deriverò!" Così ognuno scappa via impaurito. Solo una persona rimane. Il ragazzo lo raggiunge e gli dice: "Non hai paura, ti integrerò, ti derivrò!!!" E l'altro dice: "Non ho paura, io sono e alla x."
- Babbo, babbo, mi faresti il compito di matematica stasera?
  - No, figliolo, non sarebbe corretto.
- Beh, puoi sempre provare.

14. Per 3 punti non allineati passa una ed una sola retta, purché abbastanza spessa

15. Ingegneri Un ingegnere neo laureato al Politecnico di Milano, viene assunto in una grande ditta. Il primo giorno si presenta al lavoro vestito da ingegnere (giacca, >cravatta, valigetta 24 ore, HP nel taschino) e si presenta al suo capo reparto.
Quando questi lo vede, gli mette una scopa in mano e gli dice: - Cominci a spazzare il pavimento, quando avrà finito passi lo spazzolone e tiri l'acqua. Tornerò questa sera

a vedere se ha fatto un buon lavoro!
Come dice, scusi, lei vuole che io pulisca il pavimento?!?
Certo. Guardi, è facile: passa la scopa da destra a sinistra e viceversa, cercando di pulire e di fare meno polvere possibile...
Al che, spazientito, il neo assunto replica: - Ma guardi che io sono un ingegnere, non posso fare questo lavoro!
Il capo reparto resta un attimo inbarazzato, poi dice: Ha ragione, mi scusi, avrei dovuto capirlo dall'abbigliamento. Lei cominci a prendere in mano la scopa, io sbrigo una faccenda e poi arrivo a spiegarle come si fa!

16. La trigonometria serve soprattutto a 3 categorie di persone: ai cartografi, ai naviganti (ed astronomi), ma soprattutto agli scrittori di libri di trigonometria.

17. Qualunque teorema tu abbia dimostrato esiste sempre un giapponese piccolo ad arbitrio che l'ha trovato prima di te.

18. Indovinello:
$$\lim_{n \to ¥} \frac{\operatorname{sen} x}{n} =$$

19. Il colmo per un matematico? (Avere una pianta con le radici quadrate)

20. Cos'è una città compatta? (E' una città che può essere controllata da un numero arbitrariamente grande, ma finito, di poliziotti miopi

21. Qual è l'integrale di circuitazione complessa intorno all'Europa?!? (E' nullo, infatti tutti i poli sono esterni ad essa)

22. La top 20 di come preferiamo farlo...
    1) Galois lo faceva la notte prima.
    2) Moebius lo faceva sempre dalla stessa parte.
    3) Gli algebristi lo fanno in gruppo.
    4) I combinatori lo fanno in tutti i modi possibili.
    5) I matematici non lo fanno: lo lasciano come facile esercizio al lettore.
    6) I fisici matematici capiscono la teoria di come si fa, ma hanno difficoltà per ottenere risultati pratici.
    7) Markov lo fa incatenato.
    8) I veri analisti lo fanno quasi ovunque.
    9) Gli statistici probabilmente non lo fanno.
    10) I fisici quantistici possono sapere quanto veloce vanno, o dove lo fanno, ma non entrambe le cose.
    11) [I logici lo fanno] o [non (i logici lo fanno)].
    12) Gl'informatici lo fanno a partire dal più basso (depth-first, poco traducibile...).
    13) Fermat cercò di farlo nel margine, ma non ci stava dentro.

14) Gli aerodinamici lo fanno raccolti.
15) I cosmologi lo fanno nei primi 3 minuti.
16) I teorici dei gruppi lo fanno con Il Mostro. (?)
17) I matematici puri lo fanno con rigore.
18) I programmatori di C lo fanno con i puntatori long.
19) I topologi lo fanno apertamente.
20) Gli elettronici lo fanno anche fuori fase.

23. Uno studente d'ingegneria cammina nei paraggi dell'università quando vede un altro ingegnere salire su di una meravigliosa moto nuova di pacca. - Ehi, come sei riuscito ad avere una moto così?
Sai, ieri stavo andando a casa quando una bella ragazza mi si è fermata davanti con questa moto. » scesa, si è tolta tutti i vestiti e mi ha detto: "Prendi quello che vuoi!".
Il primo ingegnere pensa un attimo e, scuotendo la testa in segno di evidente approvazione: Giusta scelta, probabilmente i suoi vestiti non ti sarebbero andati bene...

24. Un promettente laureando in fisica sta presentando la suatesi di laurea. Procede con calcoli e derivate varie, finché non ottiene qualcosa tipo:

    $F = - m a$

    Questi è visibilmente imbarazzato, e così il suo supervisore, e idem il resto della commissione. Lo studente tossisce nervosamente e dice: "Sembra che io abbia fatto un piccolo errore da qualche parte." Uno dei matematici della commissione replica asciutto: "O questo o un numero dispari di essi!"

25. A Bologna organizzano un congresso per ingegneri e matematici. Vengono invitati gli ingegneri ed i matematici di Pisa. Arrivati alla stazione i matematici, tutti precisini, comprano un biglietto a testa. Gli ingegneri invece ne comprano uno per tutti. I matematici commentano: "Chissà che intenzioni hanno!!!" Quando sul treno arriva il controllore gli ingegneri corrono a chiudersi in bagno. Il controllore, esaminati i biglietti dei matematici, bussa alla porta del bagno. Dall'interno un ingegnere risponde:"Occupato". E il controllore: "Biglietti, prego". Da sotto la porta, gli ingegneri mostrano il loro unico biglietto, il controllore lo esamina e glielo restituisce.
Al ritorno a Pisa i matematici, vista la scena dell'andata, comprano un solo biglietto per tutti. Gli ingegneri, invece, nessuno. I matematici pensano: "Mah!". All'arrivo del controllore i matematici corrono nel bagno e gli ingegneri (tutti tranne uno) in un altro

bagno. L'ingegnere rimasto fuori bussa alla porta del bagno dei matematici. Uno dei matematici risponde: "Occupato". E l'ingegnere: "Biglietto, prego!"...

26. Un ingegnere attraversava la via quando una rana lo chiamo' e gli disse:
"Se tu mi baci, io mi trasformero' in una magnifica principessa."
Lui si abbasso', raccolse la rana e la mise in tasca.
La rana gli disse allora :"Se tu mi baci, io mi trasformero' in una magnifica principessa e restero' cosi' per una settimana."
L'ingegnere tiro' fuori la rana dalla tasca, le fece un sorriso e la rimise in tasca. La rana si mise allora a gridare:
"Se tu mi baci, io mi trasformero' in una magnifica principessa, restero' cosi' per una settimana e faro' TUTTO quello che vuoi."
Ancora una volta, l'ingegnere tiro' fuori la rana dalla tasca,
le fece un sorriso e la rimise in tasca.
La rana allora gli chiese: "Che cosa c'e'? Ti dico
che sono una magnifica principessa, che restero' cosi' per una settimana e che faro' tutto quello che vuoi! Allora perche' tu non mi baci?"
L'ingegnere rispose: "Guardami, io sono un ingegnere. Non ho tempo per avere una

relazione. Al contrario, una rana che parla, e' una figata."

27. Due matematici sono al bar. Il primo dice al secondo che la persona media sa ben poco di matematica di base. Il secondo è in disaccordo, e dice che la maggior parte della gente può cavarsela con una quantità ragionevole di problemi. Il primo se ne va al bagno, e in sua assenza il secondo chiama la cameroiera. Le dice che tra pochi minuti, quando sarà tornato il suo amico, la richiamerà e le porrà una domanda. Tutto quello che lei dovrà fare sarà rispondere un terzo x cubo. Lei ripete: 'un ter ... il cubo?' Lui ripete: 'un terzo x cubo'. Lei: 'un ter zicscubo' Sì, va bene, dice lui. Così lei annuisce, e se ne va mugugnando tra sé, 'un ter zicscubo, un ter zicscubo...'.
Il primo torna e il secondo propone una scommessa per provare la sua tesi, che la maggior parte della gente sa qualcosa di matematica. Dice che chiederà alla bionda cameriera un integrale, e il primo ridendo annuisce.
Il secondo uomo la chiama e le chiede 'qual è l'integrale di x quadro?'.
La cameriera dice 'un terzo x cubo' e, mentre se ne va, si volta e dice 'più una costante'!

28. Qual e' l'unica cosa che spaventa davvero uno spettro?? L'antitrasformata di Fourier!

29. 1 + 1 = 3, per grandi valori di 1

30. Per un grande industriale esistono 3 modi per perdere dei soldi:
    1) Le donne
    2) Il gioco
    3) Gli ingegneri
    Il primo e' il più piacevole, il secondo e' il più rapido, il terzo e' il più sicuro.

31. Un ingegnere, un fisico e un matematico sono rinchiusi ognuno in una stanza con una scorta di scatolette di cibo, ma senza apriscatole. Dopo un mese le porte delle tre stanze vengono aperte. L'ingegnere e' bello grasso e tutte le scatolette sono state aperte. Alla richiestadi come abbia fatto, risponde che ha usato la fibbia della cintura perfarsi un apriscatole. Anche il fisico se l'e' cavata: circa la meta' delle scatolette e' stata aperta. La sua risposta alle domande dei ricercatori e' un lungo panegirico a base di "Applicando il vettore forza alla...", "considerando l'energia potenziale del contenuto dellascatoletta...". Comunque in realta' le scatolette sono state aperte a furia di botte sul muro. Infine e' aperta la porta della stanza del matematico: questi e' paurosamente magro e denutrito; tutte le scatolette sono chiuse. Il poveraccio ne tiene una nella mano rinsecchita e la regge a pochi centimetri dal viso, la fissa con occhi

spiritati e mormora: "Supponendo, per assurdo, che sia aperta...".

32. Un ingegnere, un matematico ed un fisico vengono contattati da un grosso allevatore di bestiame per progettare un recinto atto a contenere 32.459 pecore. L'ingegnere allora, sapendo che la figura geometrica con minor perimetro a parità di area è il cerchio, progetta un recinto circolare stimando ad occhio il bestiame e buttando giù una cifra approssimativa. Il fisico, assai più meticoloso, consegna anche lui il progetto di un recinto circolare, ma un po' più piccolo avendo fatto delle misure più accurate. Il matematico invece lascia tutti di stucco preventivando un recinto lungo appena 2 metri. L'allevatore allora, stupito quanto incredulo, chiede al matematico spiegazioni, e questi non accenna ad avere il minimo problema, anzi ha già fatto realizzare il recinto e si appresta a dare una dimostrazione della sua idea. Posiziona quindi il recinto attorno a se' ed esclama: " dichiaro me' stesso, punto esterno al recinto!"

33. Due giovani studenti di ingegneria si incontrano, a Bologna, davanti il "Pitagora" (fermata di 20).
Dopo il saluto, uno dei due esclama "Oh, che

bella bici, dove l'hai recuperata?" alludendo al mercato delle bici rubate e l'altro risponde "No no, non si tratta di una bici rubata, l'altroieri ho incontrato una ragazza che mi ferma, si spoglia e mi dice *"predi di me ciò che vuoi!"*, e cosi le ho preso la bici.
L'amico, approvando, rispose: Eh già, hai fatto bene: i vestiti forse ti sarebbero stati troppo stretti!

34. L'ingegner Rotondo scende dalla sua macchina rotonda, sale per le scalerotonde del suo ufficio rotondo, saluta la segretaria rotonda, entra edice: "Qui c'è qualcosa che non quadra".

35. Per una ricerca scientifica si vengono rinchiusi in 3 stanze un ingegnere, un fisico e un matematico, al fine di calcolare quanto tempo ci impiegheranno ad uscire, lasciando loro solo carta e penna. L'ingegnere misura le dimensioni della porta, trova il punto debole e riesce a sfondarla, uscendo quasi subito.
Il fisico studia con attenzione la porta e dopo molti calcoli trova il carico di rottura del materiale di cui è composta la porta e riesce a sfondarla.
Il matematico però non esce.
Gli scienziati decidono allora di aspettare alcuni giorni, ma dopo 3 capiscono che ormai debba essere morto e aprono la porta. In effetti il matematico è morto e tutto intorno a

lui ci sono centinaia di fogli scritti. Ne prendono uno e leggono:-...dunque, supponendo per assurdo che la porta sia aperta...-

36. Due uomini su una mongolfiera si perdono nel deserto del Sahara. Vedono un vecchio all'ombra di una palma e scendono a chiedere informazioni: "Dove siamo?". Dopo lunghi secondi di riflessione il vecchio risponde: "Su un pallone". "Grazie, signor matematico". Il vecchio, meravigliato, chiede: "Ma come avete saputo che io sono un matematico?". "Per tre ragioni: la prima perche' avete riflettuto a lungo prima di rispondere; la seconda perche' la vostra risposta e' stata molto precisa; la terza perche' è assolutamente inutile!".

37. Recenti studi sulla sessualita' femminile hanno determinatoquattro tipi di donne. Esistono: la donna asmatica, quella religiosa, quella matematica e quella assassina. L'asmatica fa (inspirando): "Ahhhh ahhhhhhh ahh ahhhhhhhhhhh". La religiosa: "Dio... Dio... Dioooo mio....". La matematica: "Di piu'... di piu' di piu' di piu'!!!". L'assassina: "Se lo tiri via ti ammazzo!".

38. Sapete perche' i matematici non fanno l'amore ? Perche' aggiungendo e togliendo una stessa quantita' non cambia nulla !!!

39. Cornuto matematico: il cornuto e' uno (intero) a cui un terzo ha sottratto la meta' (1=1/3-1/2).

40. Un professore di fisica chiama alla cattedra un allievo:
"Vedo che alla fine dei calcoli le viene come valore della accelerazione di gravità un numero negativo..."
Visibilmente arrabbiato prende il libretto dello studente, lo getta dalla finestra, ed esclama:
"Adesso vada a prenderlo al piano di sopra !"
(leggenda Urbana del Politecnico di Milano)

41. Un aereo con una delegazione di scienziati precipita su un'isola deserta e isuperstiti sono solo, guarda caso, un ingegnere, un fisico ed unmatematico.
Unico mezzo di sostentamento la scatolette di carne trasportatedall'aereo.
Subito si scatena una rissa per la scelta del metodo con cui aprire le scatolette e alla fine decidono di dividere la carne in tre parti e diaprire separatamente le latte. Dopo tre mesi arrivano i soccorsi e incontrano l'ingegnere, pingue, che con la fibbia dei pantaloni aveva costruito un apriscatole. I soccorritori cominciano le ricerche e poco dopo

individuano il fisico, fortemente denutrito, che spiega di aver trovato la
frequenza di risonanza a cui la scatoletta si apre da sola, quindi colpendo ripetutamente il coperchio con un sassolino prendeva la
carne.
Dopo altre ricerche i soccorritori si imbattono in un cadavere che riconoscono subito come il matematico, morto di fame. Accanto al corpo trovano una grossa risma di fogli bruciacchiati pieni di formule ed equazioni. Sulla prima pagina si legge "Supponiamo per assurdo che le
scatolette siano aperte...".

42. Il fisico, l'ingegnere e il matematico vengono chiusi in una stanza per un test attitudinale, con una scatoletta di carne. Per farla breve, il fisico la apre con una soluzione "fisica", ovviamente, tipo
usare la sedia per creare una leva ed aprirla, il matematico calcola un angolo di rimbalzo che alteri la struttura molecolare della latta... entrambi sono comunque fisicamente provati dall'impegno che
hanno messo nella risoluzione del problema. L'ingegnere e' tranquillissimo, invece, e ha fatto colazione con la sua scatoletta. "Ma... come ha fatto?" chiedono i tecnici allibiti. "Oh, niente", fa
lui con nonchalance, "tengo sempre in tasca

un coltellino svizzero per questi test del cazzo!".

43. Definizione 1.1 -x:=gay;
    Proposizione 1.1 - x come sopra:
       i. " x $! donna libera in
         +
            (1.1)
    - Dimostrazione - La lasciamo come facile esercizio al lettore.

44. Corollario 1.2 - (Principio di utilità dei Gay).
       i. W i x!
    - Dimostrazione - Discende direttamente dalla (1.1).

45. Problema - Calcolare: $\int$fantino dcavallo
    Soluzione - Poiché fantino = uno su cavallo, otteniamo una banale integrazione, donde:
    fantino dcavallo = ln|Cavallo|+C

46. Un ingegnere, un matematico ed un fisico vengono contattati da un grosso allevatore di bestiame per progettare un recinto atto a contenere 32.459 pecore. L'ingegnere allora, sapendo che la figura geometrica con minor perimetro a parità di area è il cerchio, progetta un recinto circolare stimando ad occhio il bestiame e buttando giù una cifra approssimativa. Il fisico, assai più meticoloso, consegna anche lui il progetto di un recinto circolare, ma un po' più piccolo avendo fatto delle misure più accurate. Il

matematico invece lascia tutti di stucco preventivando un recinto lungo appena 2 metri. L'allevatore allora, stupito quanto incredulo, chiede al matematico spiegazioni, e questi non accenna ad avere il minimo problema, anzi ha già fatto realizzare il recinto e si appresta a dare una dimostrazione della sua idea. Posiziona quindi il recinto attorno a se ed esclama:
"Dichiaro me stesso punto esterno al recinto!"

47. (Trovato in un bagno pubblico:)
    HEISENBERG POTREBBE ESSERE STATO QUI.

48. Pino chiede all'ingegner rosario il nome dello strumento usato nei sottomarini per guardare fuori. Rosario risponde che è il periscopio.-e per ascoltare il cuore?- chiede pino. -e' lo stetoscopio- risponde rosario. -e per guardare i microbi?-. -ma pino sei proprio ignorante, è il microscopio-. -e per guardare attraverso un muro?-. Rosario ci pensa e dice: -non so se esiste questa cosa...-. E pino: -ignorante, questa,cosa si chiama finestra-

49. Un ingegnere neo laureato al Politecnico di Milano, viene assunto in una grande ditta. Il primo giorno si presenta al lavoro vestito da ingegnere (giacca, cravatta, valigetta 24 ore,

HP nel taschino) e si presenta al suo capo reparto.
Quando questi lo vede, gli mette una scopa in mano e gli dice: - Cominci a spazzare il pavimento, quando avrà finito passi lo spazzolone e tiri l'acqua. Tornerò questa sera a vedere se ha fatto un buon lavoro!
Come dice, scusi, lei vuole che io pulisca il pavimento?!?
Certo. Guardi, è facile: passa la scopa da destra a sinistra e viceversa, cercando di pulire e di fare meno polvere possibile...
Al che, spazientito, il neo assunto replica: - Ma guardi che io sono un ingegnere, non posso fare questo lavoro!
Il capo reparto resta un attimo inbarazzato, poi dice: Ha ragione, mi scusi, avrei dovuto capirlo dall'abbigliamento. Lei cominci a prendere in mano la scopa, io sbrigo una faccenda e poi arrivo a spiegarle come si fa!

50. Potresti esser un fisico se:
Qualcuno ti chiede l'ora a tu rispondi in metri.
Non guardi da nessuna parte perché non vuoi rompere la sua funzione d'onda.
Assumi che un cavallo sia una sfera per averne funzioni matematiche più semplici.
Quando il tuo supervisore ti chiede dov'è il tuo rapporto di laboratorio tu dici di averne determinato il moto con tanta precisione che potrebbe essere in qualunque punto dell'universo.

Eviti di mescolare il tuo caffé perchè non vuoi accrescere l'entropia dell'universo.
Ti viene la nausea quando qualcuno dice "forza centrifuga".

51. Ad una presentazione, Wirth (l'inventore del Pascal) disse:"Potete chiamarmi per nome, nel qual caso mi chiamerete Wirth, o per valore, nel qual caso mi chiamerete maestro".

52. Un fisico, un ingegnere e un matematico se ne vanno in treno per la Scozia, quando dal finestrino scorgono una pecora nera. "Ah!", dice il fisico, "vedo che in Scozia le pecore sono tutte nere!" "Hmmm...", replica l'ingegnere. "possiamo solo dire che qualche pecora scozzese è nera...". "No!", conclude il matematico," tutto quello che sappiamo è che esiste in Scozia almeno una pecora con uno dei due lati di colore nero!..."

53. Un ingegnere appena laureato, non trovando lavoro, accetta, suo malgrado e mortificato, di lavorare in un circo come equilibrista e in particolare doveva attraversare, in equilibrio su di una corda, sopra la gabbia dei leoni. Il primo giorno di lavoro, preso dalla paura resa più forte per via della vergogna, cade all'interno della gabbia e proprio addosso al leone. Convinto di essere ormai preda e pasto dei leoni, si accovaccia in un angolo ed inizia a pregare; uno dei leoni gli si avvicina e gli sussurra in un orecchio: " STAI

TRANQUILLO, NON TI PREOCCUPARE....SIAMO TUTTI COLLEGHI!!!!"

54. E' nata prima la masturbazione maschile o femminile?
(Quella maschile: infatti questa è manuale, mentre quella femminile è digitale!)

55. Oggi ho fatto l'amore con CONTROL, domani provo con CAPS LOCK.

56. Keyboard Not found: Think F1 to continue.

57. WIN95: il primo Virus con interfaccia grafica.

58. In una sala conferenze un programmatore si accinge a fare una dimostrazione su un suo nuovo programma di riconoscimento vocale. La sala è piena di addetti ai lavori e c'é il silenzio più totale nell'attesa che l'uomo presenti la sua creazione; improvvisamente dall'ultima fila si sente una voce: 'FORMAT C: INVIO'.
Operazione eseguita correttamente, dimostrazione terminata.

59. Quattro ingegneri si trovano in macchina a dibattere allegramente quando improvvisamente la macchina si ferma. L'elettronico dice: certamente sarà un problema di centralina, ci do un'occhiata...

Il chimico: mannò, idioti! E' il rapporto tra ottani ed ettani... si sente dal rumore!
Il meccanico: a me pare invece sia un problema di pistoni, il motore fa un po' fatica...
Salta su l'informatico: sentite, ho un'idea: usciamo e rientriamo, magari dopo riparte!

60. Due amici passeggiano per la strada. Uno, appassionato di statistiche, fa all' altro: "sai che ogni volta che io respiro c'è qualcuno che muore?"
E l'amico, gelido: "Fantastico, hai provato qualche cura per l'alito?!?

61. Una squadra di ingegneri deve misurare l'altezza dell'asta di una bandiera. Questi hanno solo del nastro per misurarla, e divengono via via più frustrati perché questo cade sempre.
Passa un matematico, sente il problema, e procede rimuovendo l'asta dal terreno e misurandola agevolmente.
Quando se ne va, un ingegnere dice all'altro: 'Tipico da matematico! Abbiamo bisogno di sapere l'altezza, e sto qua ci dà la lunghezza!'

62. C'era una volta un bue molto intelligente. Ogni cosa che gli veniva mostrata, la padroneggiava con facilità finché, un giorno, i suoi insegnanti provarono a insegnargli le

coordinate cartesiane e lui non riusciva a capirle. Conoscenti e amici del bue tentarono di capire quale fosse il problema ma non ci riuscivano. Quindi un nuovo arrivato (guarda caso, un ingegnere informatico) ascoltò il problema e disse:
"Ovviamente non può farcela: state mettendo DesCartes davanti ai buoi"

63. L'ingegnere non vive...FUNZIONA..

64. Uno studente d'ingegneria cammina nei paraggi dell'università quando vede un altro ingegnere salire su di una meravigliosa moto nuova di pacca. - Ehi, come sei riuscito ad avere una moto così?
- Sai, ieri stavo andando a casa quando una bella ragazza mi si è fermata davanti con questa moto. » scesa, si è tolta tutti i vestiti e mi ha detto: "Prendi quello che vuoi!".
Il primo ingegnere pensa un attimo e, scuotendo la testa in segno di evidente approvazione: Giusta scelta, probabilmente i suoi vestiti non ti sarebbero andati bene...

65. Il 93,7% delle statistiche è fasullo.

66. Due giovani ingegneri fanno un colloquio per una posizione presso un'azienda di computer. Hanno esattamente le medesime qualifiche e si decide quindi di sottoporli a un test

attitudinale. Completato il test, tutti e due candidati hanno risposto a tutte le domande tranne una. Ma il responsabile va da uno dei due e, ringraziandolo, gli dice che e' stato scelto l'altro candidato. "Ma come e' possibile ? Abbiamo tutti e due risposto a 9 domande su 10!!" dice quello rifiutato. "Certo. Ma, in effetti, abbiamo basato la nostra decisione non sulle risposte corrette, bensì sulla domanda cui non e' stato risposto" "E come e' possibile che una risposta sbagliata sia valutata meglio dell'altra ? !" "Semplice, il suo collega, alla domanda n.5 ha risposto - non lo so-, lei ha risposto - neanch'io -"

67. Un uomo dice a un amico:
    'Non ci crederai mai! Ho scoperto il filtro dell'immortalità!'
    'Maddai, è impossibile...'
    'No, no, ti assicuro...dopo anni di ricerca l'ho trovato...e ti dirò...non è nemmeno difficile da fare!'
    'Dimmi dimmi!'
    'Ah, guarda... devi procurarti code di pipistrello, zolfo, ... (segue un'interminabile lista che potete trovare in qualunque libro per bambini)...poi mischi il tutto in un calderone e cuoci...sai cosa? E' che è un procedimento moooolto lungo, interminabile! Richiede 7-8 ore!'
    'Beh vabbeh, fin qui è facile...ma è finita qui?!?'

'Sì, tutto qui, anzi no, dimenticavo c'é una cosa che non devi assolutamente fare mentre prepari il tutto sennò non funziona!'
'Cosa, cosa?'
'Mentre prepari il filtro non devi assolutamente pensare agli elefanti!'

68. " PINO CHIEDE ALL'INGEGNER ROSARIO IL NOME DELLO STRUMENTO USATO NEI SOTTOMARINI PER GUARDARE FUORI. ROSARIO RISPONDE CHE E' IL PERISCOPIO.
E PER ASCOLTARE IL CUORE?- CHIEDE PINO.
E' LO STETOSCOPIO- RISPONDE ROSARIO.
E PER GUARDARE I MICROBI?
MA PINO SEI PROPRIO IGNORANTE, E' IL MICROSCOPIO
E PER GUARDARE ATTRAVERSO UN MURO?
ROSARIO CI PENSA E DICE: -NON SO SE ESISTE QUESTA COSA...
E PINO: -IGNORANTE, QUESTA COSA SI CHIAMA FINESTRA

69. Ad un matematico, un fisico e a un ingegnere è dato uno stesso problema: Provare che tutti i numeri dispari maggiori di due sono primi. Procedono così:

Matematico: 3 è primo, 5 è primo, 7 è primo, 9 non è primo...... Controesempio: la tesi è falsa.
Fisico: 3 è primo, 5 è primo, 7 è primo, 9 è un errore sperimentale, 11 è primo, ...
Ingegnere: 3 è primo, 5 è primo, 7 è primo, 9 è primo, 11 è primo, ...
Informatico: 1 è primo, 1 è primo, 1 è primo, 1 è primo, ...
Informatico sotto Unix: 3 è primo, 5 è primo, 7 è primo, segmentation fault..... Sì, sono tutti primi.

70. Nel considerare il comportamento di un cannone:
    Un matematico sarà in grado di calcolare dove la palla atterrerà
    Un fisico sarà in grado di spiegare come la palla ci arriva
    Un ingegnere sarà là a tentare di prenderla.

71. Ad un gruppo delle menti più dotate al mondo viene posto uno stesso problema: "Quant'é 2+2?"

72. L'ingegnere tira fuori il suo manabile, lo sfoglia avanti e indietro, e infine annuncia "3,99".
    Il fisico consulta i suoi riferimenti tecnici, imposta il problema al computer, e annuncia "sta tra 3,98 e 4,03".
    Il matematico medita per un po', in trance per il resto del mondo, quindi annuncia: "Non so

quale sia la risposta, ma posso provare che una risposta esiste!".
Filosofo: "Ma cosa intendi per 2+2?"
Commercialista: Chiude tutte le porte e le finestre, si guarda attentamente intorno poi chiede: "Quale vuoi che sia la risposta?"
Hacker: entra nel super-computer della NASA e dà la risposta.

73. Un medico, un ingegnere ed un informatico si trovano al bar, ed iniziano a discutere di quale sia il mestiere piu` antico dei tre.
    Il medico esordisce: "Nella Bibbia si dice che Dio creo` Eva prendendo una costola da Adamo. Cosa fu quella se non la prima operazione chirurgica?
    Percio` il mestiere piu` antico e` senz'altro il mio".
    L'ingegnere ribatte: "Ma prima la Bibbia dice che Dio creo` il cielo, laTerra e tutto l'universo. Questa e` una mirabile opera di ingegneria, percio` il mestiere piu` antico e` il mio!".
    Infine l'informatico dice: "Vi sbagliate entrambi, infatti la Bibbia comincia con: All'inizio era il caos,... e quello chi credete che l'abbia creato?"

74. Rivoluzione francese: tre uomini vengono condotti al patibolo: un Nobile, un Prete e un Ingegnere. Il Nobile viene portato alla

ghigliottina.
Boia: "Faccia in basso o faccia in alto?".
Nobile: "Faccia in alto: voglio affrontare la morte a testa alta!".
La lama scende, ma si ferma a metà.
"Miracolo!! Intervento divino!!", dicono tutti, e il Nobile viene graziato.
Il Prete viene portato alla ghigliottina.
Boia: "Faccia in basso o faccia in alto?".
Prete: "Faccia in alto: voglio affrontare la morte con fede e serenità".
La lama scende, ma si ferma a metà.
"Miracolo!! Intervento divino!!", dicono tutti, e il Prete viene graziato.
L'Ingegnere viene portato alla ghigliottina.
Boia: "Faccia in basso o faccia in alto?".
Ingegnere: "Anch'io faccia in alto: voglio capire come funziona il meccanismo!".
Il Boia sta per azionare la ghigliottina, ma l'Ingegnere urla: "Ferma! Ferma tutto! Ho capito cosa c'e' che non va!!"

75. Un uomo vuole cambiare il suo cervello. Va in una clinica per trapianti di cervello e gli fanno vedere il catalogo:
cervello di matematico 20.000 sterline al chilo, cervello di biologo 30.000 sterline al chilo, cervello di medico 40.000 sterline al chilo. Poi vede: cervello di ingegnere 1.000.000 di sterline al chilo.
Stupito, chiede alla segretaria: "Signorina, perche` il cervello di ingegnere costa cosi`

tanto?".
E la segretaria: "Ma lei lo sa quanti ne dobbiamo ammazzare per metterne insieme almeno un chilo?

76. **Scommesse sui cavalli**

Un miliardario ha il vizio di giocare ai cavalli e stufo di non vincere mai decide di investire del denaro nella ricerca di un modello matematico che gli assicuri la vittoria. Da una grossa somma a un gruppo di **matematici** che si mettono a lavorare al progetto.

Dopo due mesi il capo ricercatore dice al miliardario: "Abbiamo finito e possiamo dire che la soluzione al problema esiste!" "E qual'e?" domanda il giocatore. "Noi siamo matematici e siamo solo in grado di dirle che esiste".

Il miliardario riflette e capisce che in fondo i matematici sono astratti e che doveva rivolgersi a qualcuno di più pratico, quindi chiama i **fisici**. Stessa solfa e dopo due mesi il risultato è: "I matematici hanno ragione - dice il capo dei fisici - la soluzione al problema esiste e noi l'abbiamo trovata, nell'ipotesi semplificativa che il cavallo sia una

sfera!"

Il miliardario capisce di aver sbagliato un'altra volta e pensa di rivolgersi a qualcuno ancora più pratico: gli **ingegneri**. Versa per

la terza volta la somma e, stavolta, va a controllare giorno dopo giorno i progressi del lavoro. Gli ingegneri non si applicano affatto: chi parla al telefono, chi naviga in Internet, chi legge il giornale. Dopo due mesi comunque arriva il capo progettista e dice: "Domani lei vada alle Capannelle e punti alla prima corsa su Tizio vincente, nella seconda su Caio vincente, ..." e cosi via.
Il giorno seguente il miliardario va a giocare e vince a tutte le corse.
Organizza un party per celebrare la vittoria e a notte inoltrata prende da parte il capo ingegnere e gli chiede come avessero fatto.
"Semplice con tutti i soldi che ci ha dato abbiamo comprato tutti i fantini"

77. Cos'è "p"?
    Matematico: Pigreco è il numero che esprime il rapporto tra la circonferenza di un cerchio e il suo diametro.
    Fisico: Pigreco è 3,1415927 più o meno 0.000000005
    Ingegnere: Pigreco è circa 3.

78. Uno statistico, un matematico, un ingegnere e un fisico sono fuori a caccia insieme. Scorgono un cervo nella foresta.

79. Uno statistico può mettere la testa nel forno e i piedi nel ghiaccio e dire che si sente mediamente bene.

80. Il fisico calcola la velocità del cervo e l'effetto della gravità sul proiettile, prende lòa mira col fucile e spara. Ahimé, sbaglia; il proiettile passa 1 metro dietro al cervo. Il cervo balza di qualche metro più in là, ma si ferma, ancora visibile ai quattro.

81. "Colpa tua se hai sbagliato, "commenta l'ingegnere, "ma ovviamente con una pistola ordinaria, uno se lo sarebbe aspettato." Ecco che tira fuori la sua speciale pistola caccia-cervi, che ha messo insieme con un fucile ordinario, un astrolabio, un compasso, un barometro, e un mucchio di luci accecanti che non fanno nulla se non impressionare gli osservatori, e spara. Ahimé, il suo proiettile passa 1 metro davanti al cervo, che questa volta rinsavisce e scappa al sicuro.

82. "Beh," dice il fisico, "neanche il tuo colpo l'ha beccato." "Ma cosa dici?" salta su lo statistico. "Tra voi due, è stato un colpo perfetto!"

83. Sapete che differenza c'e' tra il luogo dove hanno investito un cane e il luogo dove hanno investito un ingegnere ? Risposta: dove hanno investito il cane ci sono i segni della frenata

84. Come sapevano che era un cervo:
Il fisico osserva che si comportava come un

cervo, dunque dev'essere un cervo.
Il matematico chiede al fisico cos'era, riducendosi dunque al caso precedente.
L'ingegnere era nella foresta a caccia di cervi, quindi era un cervo.

85. Un matematico ed un ingegnere disperatamente alla ricerca di una ragazza vengono a sapere che ce n'e' una bellissima molto disponibile(!) alla fine del "corridoio di Zenone". Questo è particolare in quanto con ogni passo si copre la meta' restante del corridoio. Il matematico sa bene che e' necessario un tempo infinito per coprirlo tutto e sconfortato abbandona l'impresa. Non cosi' l'ingegnere:
   - Ma tanto non arriverai mai dall'altra parte! - gli dice il matematico
   - Lo so... ma a me basta arrivare sufficientemente vicino!

86. Tre ingegneri della Apple e tre ingegneri della Microsoft si incontrano alla stazione mentre stanno per recarsi ad un importante avvenimentoinformatico.
   Gli ingegneri Microsoft comprano un biglietto ciascuno e, con grande sorpresa, notano che gli ingegneri Apple comprano un solo biglietto in
   tre.
   Stupiti, chiedono spiegazione ai colleghi che si mettono a ridere e dicono: "Vedrete...".

Durante il viaggio, il controllore entra nella carrozza e, immediatamente, i tre ingegneri Apple vanno verso la toilette e vi si chiudono dentro. Gli ingegneri Microsoft osservano stupefatti la
manovra poi, dopo essersi fatti controllare i biglietti, vedono ilcontrollore bussare alla porta della toilette annunciando: "Biglietti, prego!". Una voce dall'interno risponde: "Ecco!" e un biglietto passa sotto
la porta. Il controllore verifica il biglietto e poi se ne va. Gli ingegneri Microsoft sono molto impressionati dalla tecnica dei colleghi Apple. Gli stessi sei ingegneri si incontrano alla stazione alla partenza del viaggio di ritorno.
Gli ingegneri Apple comprano un biglietto, mentre quelli Microsoft non ne comprano nessuno. Gli ingegneri Apple fanno notare la cosa, ma gli ingegneri Microsoft si mettono a ridere e dicono: "Vedrete...". Durante il viaggio, il controllore entra nella carrozza e, immediatamente, gli ingegneri Apple si dirigono verso la toilette e vi si chiudono dentro.
Gli ingegneri Microsoft meno pronti a reagire si incamminano lentamente.
Appena gli ingegneri Apple sono chiusi dentro, uno degli ingegneri Microsoft bussa alla porta della toilette e dice: "Biglietti, prego!", recupera il biglietto degli ingegneri Apple e corre a chiudersi nella toilette con i suoi due

altri compari...
La morale ? la Microsoft non si limita a copiare le idee degli altri, ma le "migliora"...

87. Un matematico, un fisico, e un ingegnere stanno viaggiando per la Scozia quando vedono una pecora nera attraverso la finestra del treno.
"Aha," dice l'ingegnere, "vedo che le pecore scozzesi sono nere."
"Hmm," dice il fisico, "volevi dire che alcune pecore scozzesi sono nere."
"No," dice il matematico, "Tutto ciò che sappiamo è che c'é almeno una pecora in Scozia, e che almeno un lato di quella pecora è nero!"

88. Cosa dice un vettore ad un altro?..."Scusa, hai un momento?..."

89. Un Matematico (M) e un Ingegnere (I) frequentano una lezione di un Fisico. L'argomento concerne le teorie di Kulza-Klein riguardo i processi fisici che avvengono negli spazi di dimensione 9, 12 e anche maggiori. Il M è seduto, chiaramente gradisce la lezione, mentre l'I è corrucciato e sembra generalmente confuso e in difficoltà. Alla fine l'I ha un terribile mal di testa.

Invece, il M fa commenti sull'ottima lezione. L'I dice: "Come fai a capire 'sta roba?" M:"Semplicemente visualizzo il procedimento" I:"Come puoi davvero visualizzare qualcosa che avviene in uno spazio 9-dimensionale?" M:"Facile: prima lo visualizzi in uno spazio N-dimensionale, poi poni n=9!"

90. Tre ingegneri discutono sulla natura del corpo umano. Uno di loro dice: "E' ovvio che chi l'ha fatto era un ingegnere meccanico, con tutte quelle articolazioni, le ossa di sostegno..."
"No, no - dice il secondo - lo ha fatto sicuramente un ingegnere elettronico; guardate le connessioni nervose, il sistema cerebrale..."
"No, nessuno dei due - dice il terzo, - =E' stato un ingegnere civile; solo loro possono mettere una discarica tossica vicino ad un'area
ricreativa"

91. Cos'hanno in comune un matematico e un ingegnere? (Sono entrambi stupidi, con l'eccezione del matematico)

92. Un dottore, un avvocato e un matematico discutono sui meriti relativi dell'avere una moglie o un'amante. L'avvocato dice:

"Certamente un'amante è meglio. Se hai una moglie e vuoi un divorzio, procura un sacco di problemi legali." Il dottore dice: "E' meglio avere una moglie perché il senso di sicurezza abbassa il tuo stress e fa bene alla salute. Il matematico dice: "Avete torto entrambi, E' meglio avere entrambe così che quando tua moglie crede che tu sia con l'amante e l'amante crede tu sia con tua moglie --- tu puoi fare un po' di matematica."

93. Ad una conferenza tecnologica.Giapponese:Noi avere piccolo orologio comunicare tutto il mondo.Americano:Noi computer con Internet navigare tutto il mondo.ITALIANO:(scurreggia)è ARRIVATO UN FAX, VADO AL BAGNO A LEGGERLO!

94. Che cos'è un orso polare? ...E' un orso cartesiano che ha cambiato coordinate! (per gli innioranti analfabetici, come esistono le coordinate cartesiane, così esistono le coordinate polari)

95. Un ingegnere appena laureato, non trovando lavoro,
accetta, suo malgrado e mortificato, di lavorare in un circo come equilibrista e in

particolare doveva attraversare, in equilibrio su di una corda, sopra la gabbia dei leoni. Il primo giorno di lavoro, preso dalla paura resa più forte per via della vergogna, cade all'interno della gabbia e proprio addosso al leone. Convinto di essere ormai preda e pasto dei leoni, si accovaccia in un angolo ed inizia a pregare; uno dei leoni gli si avvicina e gli sussurra in un orecchio: " STAI TRANQUILLO, NON TI PREOCCUPARE....SIAMO TUTTI COLLEGHI!!!!"

96. Un ricco signore appassionato di cavalli decide di chiedere ad un ing. Un matematico e ad un fisico un algoritmo per vincere alle corse.
L'ingegnere dopo lunghi calcoli dice "abbiamo valutato l'attrito dell'aria contro i cavalli, tra cavalli e terreno, considerato la densità della terra del maneggio, il diametro medio della ghiaia della pista, la potenza sviluppata da ogni singolo cavallo in relazione al suo fantino ed abbiamo trovato un metodo che ci permette di vincere con una precisione del 50%". Il magnate dice che così è ancora troppo poco.
Il matematico dice "abbiamo valutato con metodi probabilistici e di supercalcolo la funzione vittoria di ogni singolo cavallo. Trovatane la convergenza la abbiamo interpolata con l'equivalente funzione dei

cavalli concorrenti arrivando a dichiarare una percentuale di vittoria del 65%".
"Ancora troppo poco" tuona il miliardario.
Il fisico, invece, senza mezze misure dichiara "Guardi, noi abbiamotrovato un metodo sicuro al 100%!!", "davvero? e come avete fatto".
"bhe, sì abbiamo considerato i cavalli delle sfere..."

97. Un ingegnere appena laureato, non trovando lavoro, accetta, suo malgrado e mortificato, di lavorare in un circo come equilibrista e in particolare doveva attraversare, in equilibrio su di una corda, sopra la gabbia dei leoni. Il primo giorno di lavoro, preso dalla paura resa più forte per via della vergogna, cade all'interno della gabbia e proprio addosso al leone. Convinto di essere ormai preda e pasto dei leoni, si accovaccia in un angolo ed inizia a pregare; uno dei leoni gli si avvicina e gli sussurra in un orecchio: " STAI TRANQUILLO, NON TI PREOCCUPARE....SIAMO TUTTI COLLEGHI!!!!"

98. Per dire la differenza tra un matematico e un ingegnere fa il seguente esperimento. Metti una pentola piena d'acqua in mezzo al

pavimento della cucina e di' al tuo soggetto di bollire l'acqua.
L'ingegnere metterà la pentola sul fornello e accenderà il fuoco. Il matematico farà la stessa cosa.
Poi, metti la pentola sul fornello, e chiedi al soggetto di bollire l'acqua. L'ingegnere accenderà la fiamma. Il matematico metterà la pentola in mezzo al pavimento della cucina... riconducendosi dunque ad un problema già risolto!

99. Due amici passeggiano per la strada. uno, appassionato
di statistiche, fa all' altro: "sai che ogni volta che io respiro
c' e' qualcuno che muore?" e l' amico, gelido: "fantastico,
hai provato qualche cura per l' alito?!?"

100. Un ingegnere, un fisico e un matematico stanno in un hotel mentre frequentano un seminario tecnico.
L'ingegnere si sveglia sentendo odore di fumo. Esce nel corridoio e vede un fuoco, allora riempie il <u>bidone</u> d'acqua,e ferma il fuoco. Se ne torna a letto.
Dopo, il fisico si sveglia e sente odore di fumo. Apre la porta e vede un fuoco nel corridoio. Scende giù nella hall fino a un estintore e dopo aver calcolato velocità del fuoco, distanza, pressione dell'acqua, traiettoria, etc. estingue il fuoco con la

minima quantità d'acqua ed energia richieste. Dopo, il matematico si sveglia e sente odore di fumo. Va nella hall, vede il fuoco e poi l'estintore. Pensa per un momento e quindi esclama, "Ah, una soluzione esiste!" e quindi se ne torna a dormire.

101.   Il 33% degli incidenti stradali mortali sono causati dall'abuso d'alcol; dunque il 67% degli incidenti mortali coinvolgono persone che non hanno bevuto; dunque, è chiaro che, se la matematica non è un'opinone, la cosa più sicura da fare è guidare ubriachi!

102.   **Mongolfiera**
Un giorno un signore, che sta facendo un giro in mongolfiera, per un colpodi vento, perde la bussola e le mappe. Decide allora di perdere quota e, visto un uomo in un campo, scende vicino a lui e si ferma a circa 2 metri dialtezza dal suolo.
Getta la cima d'ormeggio a quest'ultimo, che subito la prende, e gli chiede: "Per cortesia, mi sa dire dove sono?"
L'altro risponde: "Lei è su una mongolfiera, in mezzo a un campo, a 2,54 metri di altezza dal suolo"
Senza scomporsi l'uomo sulla mongolfiera replica: "Mi lasci indovinare il suo mestiere: Lei è un **ingegnere!**"

L'altro: "Come ha fatto a capirlo?"
Il primo: "Perché mi ha dato un'informazione esatta ma assolutamente inutile"
Allora l'ingegnere, tranquillo, replica:
"Adesso indovino io: Lei è un
TopManager!"
L'uomo sulla mongolfiera, stupito: "Come ha fatto a capirlo?!?"
L'ingegnere: "Perché Lei evidentemente non sta lavorando, non sa dove sta andando, non sa dov'è e cerca di darne la colpa ai tecnici".

103. Per una ricerca scientifica si vengono rinchiusi in 3 stanze un ingegnere, un fisico e un matematico, al fine di calcolare quanto tempo ci impiegheranno ad uscire, lasciando loro solo carta e penna. L'ingegnere misura le dimensioni della porta, trova il punto debole e riesce a sfondarla, uscendo quasi subito.
Il fisico studia con attenzione la porta e dopo molti calcoli trova il carico di rottura del materiale di cui è composta la porta e riesce a sfondarla.
Il matematico però non esce.
Gli scienziati decidono allora di aspettare alcuni giorni, ma dopo 3 capiscono che ormai debba essere morto e aprono la porta. In effetti il matematico è morto e tutto intorno a lui ci sono centinaia di fogli scritti. Ne prendono uno e leggono:-...dunque, supponendo per assurdo che la porta sia aperta...-

www.ingramcontent.com/pod-product-compliance
Lightning Source LLC
Chambersburg PA
CBHW072255170526
45158CB00003BA/1083